U0192915
北大
数学教授
给孩子的数学
思维课
张顺燕/主编
智慧鸟/绘
数学卫士
冒险日记
鲸口脱险
10分钟爱上数学
南京大学出版社

图书在版编目(CIP)数据

鲸口脱险 / 张顺燕主编 ; 智慧鸟绘. -- 南京 : 南京大学出版社, 2024.6

(数学巴士. 冒险日记)

ISBN 978-7-305-27561-6

Ⅰ. ①鲸… Ⅱ. ①张… ②智… Ⅲ. ①数学－儿童读物 Ⅳ. ①01-49

中国国家版本馆CIP数据核字(2024)第016002号

出版发行 南京大学出版社
社　　址 南京市汉口路22号　　**邮　　编** 210093
策　　划 石　磊

丛 书 名 数学巴士·冒险日记
JING KOU TUOXIAN
书　　名 鲸口脱险
主　　编 张顺燕
绘　　者 智慧鸟
责任编辑 刘雪莹
印　　刷 徐州绪权印刷有限公司
开　　本 787mm×1092mm　1/12开　印张 4　字数 100千
版　　次 2024年6月第1版
印　　次 2024年6月第1次印刷
ISBN 978-7-305-27561-6
定　　价 28.80元

网　　址 http://www.njupco.com
官方微博 http://weibo.com/njupco
官方微信号 njupress
销售咨询热线 (025) 83594756

数学巴士成员

玛斯老师： 活力四射，充满奇思妙想，经常开着数学巴士带孩子们去冒险，在冒险途中用数学知识解决很多问题，深得孩子们喜爱。

多普： 观察力强，聪明好学，从不说多余的话。

迪娜： 学习能力强，性格外向，善于思考，总是会抢先回答问题，好胜心强。

麦基： 大大咧咧，心地善良，非常热心，关键时候又很胆小。

艾妮： 柔弱胆小，被惹急了会手足无措、不停地哭。

机器人哈比： 怪博士研发的智能机器人，擅长测量和统计数据，双手可以变成工具。

洁莉： 艾妮最好的朋友，经常安慰艾妮，性格沉稳，关键时刻总是替他人着想。

怪博士： 活泼幽默，学识渊博，关键时刻总能帮助大家渡过难关。

数学巴士： 一辆神奇的巴士，可以自动驾驶，能变换为直升机模式、潜水艇模式等带着孩子们上天下海，还可以变成徽章模式收纳起来。

真是一件令人兴奋的事情！玛斯老师和怪博士要带领大家一同去海底查看探测仪检测到的热泉，同行的还有怪博士的机器人助手哈比。

我们先来到海边。数学巴士刚一停稳，我们就跑到沙滩上，光着脚丫撒起欢儿来。
咦，沙滩上怎么有好多小孔？
那是蛤蜊等贝类的呼吸孔。
我们比赛挖蛤蜊吧，看谁挖的最多。

一只乌鸦吃什么海鲜呀！这些都归我了。

麦基，你把蛎鹬看成乌鸦也就算了，竟然还敢抢它的战利品！

不服气的麦基气呼呼地蹲在沙滩上挖着贝类，和海鸟们比起赛来。

哇，蛎鹬可真厉害，挖到39个蛤蜊，14个扇贝！
钳嘴鹳挖到32个蛤蜊，麦基只挖到7个蛤蜊。我宣布，这次比赛的冠军是——蛎鹬！

同级运算

同级运算是指数学算式中同类型的运算，如加与减是同级运算，乘与除也是同级运算。

对于不带括号的且仅有加减法或乘除法的计算，应从左往右依次计算。

比如我们要计算蛎鹬挖到的贝类比麦基多多少：39+14−7=？。计算时，应按照从左往右的顺序，先计算 39+14=53，再计算 53−7=46。

乘除法也是如此，比如：63÷7×2=？，应先计算 63÷7=9，再计算 9×2=18。

数学巴士开启了潜水艇模式，带着我们行驶在海面上。
大家穿好潜水服，我们准备入海了。
这些鱼儿一点儿也不怕人。

我没看错吧？前面那些鱼儿是在排队？
是的，它们在等着“鱼医生”看病呢。
裂唇鱼又被称为“鱼医生”，它的体形较小，嘴比较长，牙齿锋利，能吃掉其他鱼身上的寄生虫，还能帮它们清除坏死的鳞片和身上的污垢。

真美啊，像海底花园。

住手！那可是棘冠海星，身上的棘刺有剧毒！

离开危险的棘冠海星，我们继续下潜。
洁莉，你怎么了？
我的耳朵有点儿疼。

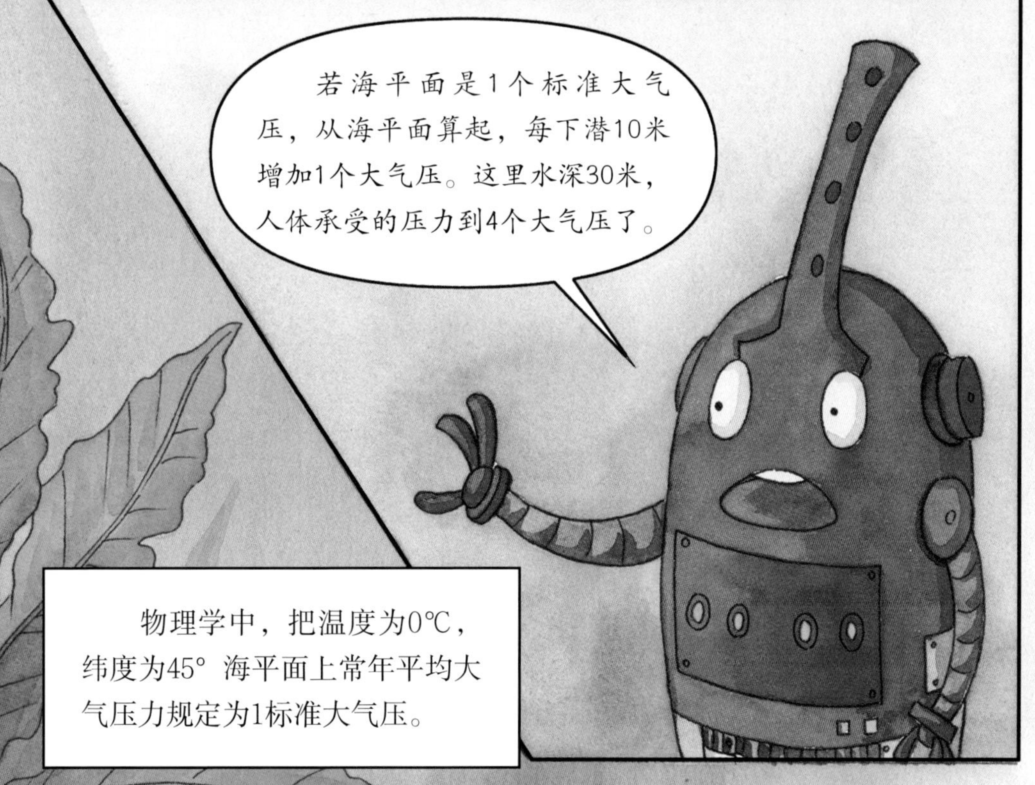

物理学中，把温度为0℃，纬度为45°海平面上常年平均大气压力规定为1标准大气压。

不同级运算

根据四则运算的定义，加减法叫一级运算，乘除法叫二级运算。

在既有一级又有二级的混合运算中，要先进行较高级别的运算，也就是乘除法，然后再计算加减法。

比如要计算大海30米深度的大气压，也就是计算 $30 \div 10+1=?$ 时，我们需要先计算 $30 \div 10=3$，再计算 $3+1=4$。

我们从水中直接进入了潜水艇模式的数学巴士，一路行驶到深海。周围漆黑一片，但在巴士的夜视功能下，大家能透过玻璃清楚地看到外面。
你们快看，红灯笼！

我们顿时紧张起来。这里可是深海，谁会在这儿点盏红灯笼？伴随着巴士靠近，大家看到“红灯笼”挂在一条鱼的脑门上。

这条鱼长得好丑。
头上挂着“灯笼”，它是在给自己照明？

那是琵琶鱼，又叫鮟鱇鱼，至于“红灯笼”……待会儿你们就知道了。

“红灯笼”原来是诱捕鱼儿用的呀。
那些鱼儿是不是傻呀？

无中生有

如果你遇到和故事中一样的数学题“99 加 99 等于多少”，会怎么计算呢？列竖式？的确，用竖式很容易可以得到结果，但需要花点儿时间。

我们可以用“无中生有”法，迅速得出结果。

99 和 100 只差 1，这道题目要是改成“100 加 100 等于多少”，大家都能立即口算出结果 200。那我们就把 99 当作 100 来计算好啦。不过这样一来，得到的结果比原来的数字多出了两个 1，也就是 2，把 2 再减掉就可以，最终结果为 198。

看下面的图，同学们就更容易理解了。最后一个黑点原本不存在，为了方便计算，我们假设它在那里，这就叫“无中生有”。

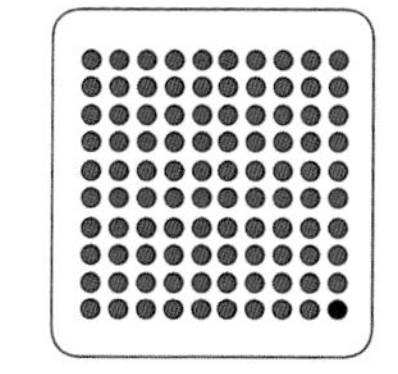 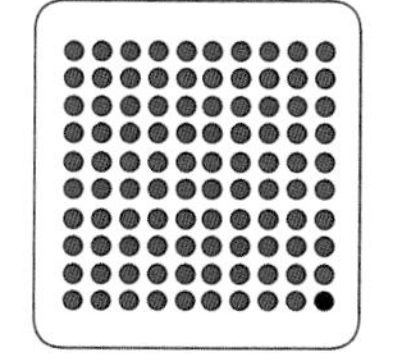

潜水艇模式的巴士继续下潜，紧挨在侧窗玻璃上的麦基叫了起来，说他好像看到了蛤蜊。

你还在想着挖蛤蜊输给海鸟的事啊？

那的确是生活在深海的蛤蜊，有的已经100岁了。

这里的海有多深呀？

我用声呐系统向水面发射信号，很快就有答案了。

有点儿不对劲，信号怎么被拦截了？

信号遇到了体形巨大的不明障碍物。从时间上判断，这个大家伙就在我们头顶。

哇，太刺激了，肯定是超级鱼人！
它会不会吃掉我们呀？

带小括号运算

在众多数学符号中，不起眼的小括号“( )”有着改变运算顺序的神奇作用。带括号的算式要先算小括号里面的，再算小括号外面的。

比如我们要计算遮挡了巴士信号的大家伙的速度，就要列出带小括号的算式：$(90-6)\div6=?$。

如果没有小括号，自然是先算除法，再算减法。但有了小括号，我们就要先算小括号里的 $90-6=84$，再计算小括号外的 $84\div6=14$，从而得出大家伙的速度是 14 米 / 秒。

混合算式要计算，
明确顺序是关键。
遇到括号怎么办？
先算里面后外面。

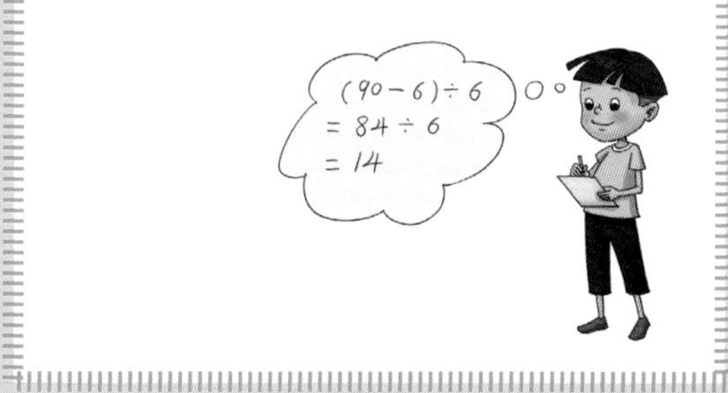

玛斯老师话音刚落，巴士驾驶室的显示屏上出现了一个蓝色的身影。
是地球巨无霸——蓝鲸。

这下惨了，一百个我也不够它塞牙缝的。

蓝鲸喜欢吃磷虾，对巴士和人类不感兴趣。
万一它想换换口味呢？

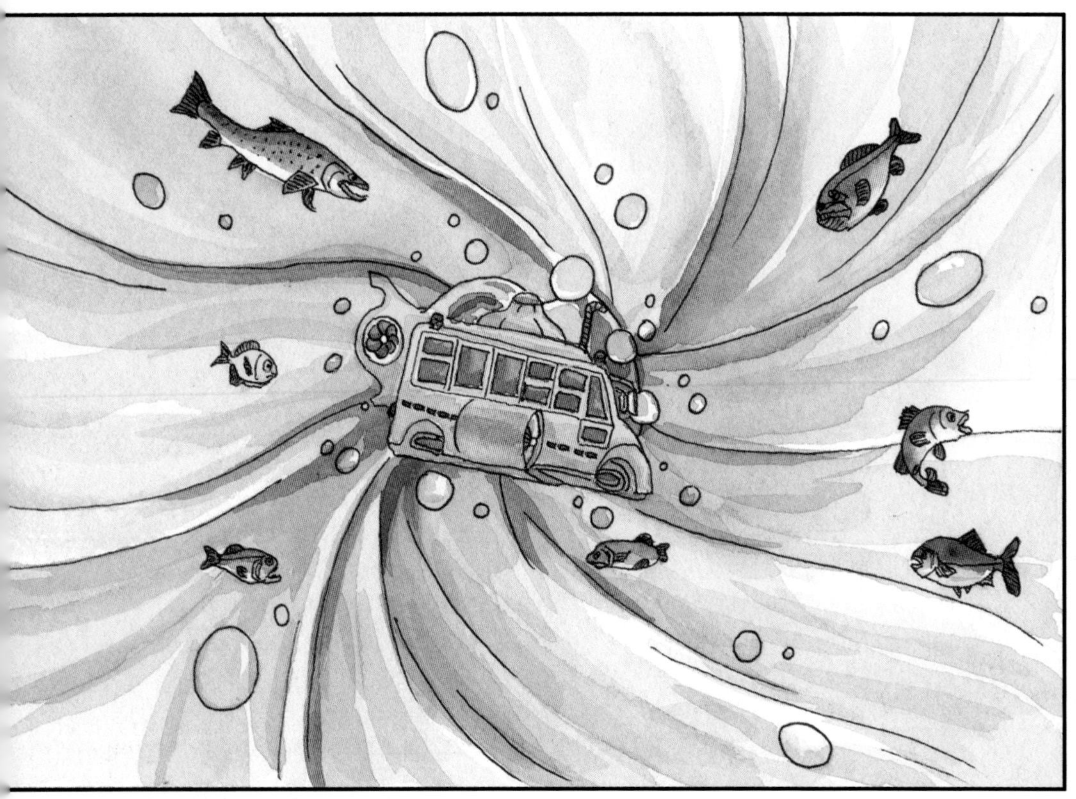

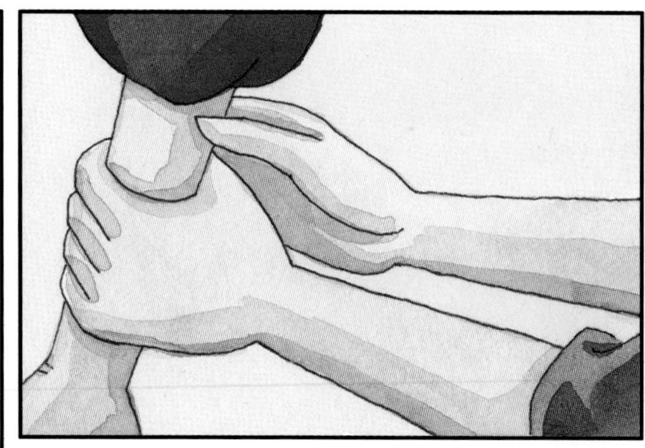

别怕。蓝鲸的喉咙这么小，咽不下巴士的。
可是，它可以用牙齿咬碎我们。

蓝鲸是须鲸，没有牙齿。

在哈比的帮助下，我们将鲸须板分成三段去数数量，多普数出第一段是103块，迪娜数出第二段和第三段分别是97块和92块。想不到这头蓝鲸共有292块鲸须板。

去小括号运算①

小括号可以改变运算顺序，但有时去掉小括号运算会更方便。

在同级运算中，如果去掉小括号，就要看清楚小括号前面是什么符号。

如果小括号前面是“+”或者“×”，就可以直接去掉小括号，所有符号保持不变。

去掉小括号后，可以调整运算顺序，最后得到的结果是一样的。

比如我们想要算出鲸须板的总数，也就是103+（97+92）=？，可以直接去掉小括号，变成103+97+92=？，这时可先算出103+97=200，再算200+92=292，运算速度就快了很多。

我按下了微型射击键，让蓝鲸感觉口腔发痒，迫使它张嘴，但又不会伤到它。
潜水艇模式的数学巴士带着我们一路逃窜，把蓝鲸远远甩在身后。还没来得及松口气，我们就看到海底有好多根烟囱。
真奇怪，海底怎么会有烟囱？还在“咕嘟咕嘟”往外冒烟呢！

我知道了，是超级鱼人在海底盖的工厂！
你这小脑袋想什么呢？这是海底热泉形成的海底烟囱。
博士，我们顺利抵达了海底热泉。

这里的海水有剧毒！得立即启动巴士的保护模式。

为什么这些烟囱有的喷黑烟，有的却喷白烟呢？
这跟海水的温度和所含矿物成分有关。水温为100℃~300℃时形成的是白烟囱，冒白烟；水温是300℃~400℃时形成的是黑烟囱，冒黑烟。

去小括号运算②

在同级运算中，如果小括号前面是“-”或者“÷”，去小括号时小括号内需要变号，“+”变“-”，“×”变“÷”。

变号完成以后，我们就又可以调整运算顺序了。

比如我们想要算出白烟囱的数量，也就是 $7\times8-(6+5)=?$，去掉小括号后，小括号内的“+”变“-”，算式变成 $7\times8-6-5=?$，结果为 45 个。

麦基不相信这里海水的温度那么高，于是玛斯老师让数学巴士将测温触角伸到烟囱附近。
哇，这里的温度快300℃了！怪博士刚才说，黑烟囱的温度还要高？
287℃

数学巴士又将测温触角伸到黑烟囱附近。

398℃

398℃？！
不过很奇怪，
海水并没有沸腾。

海水压力太大，
所以才没沸腾。

玫瑰花，又大又红的玫瑰花？
这里的海水又毒又热，怎么会开出玫瑰花呢？
这些看起来像玫瑰的家伙们并不是植物，而是管状蠕虫。

20℃
管状蠕虫生活的区域温度为20℃～80℃，它们身体各部分温度都不同。
管状蠕虫身体内部的温度差异极大，这在其他生物中极其罕见。

简便计算①

当算式中的加数、减数接近整十、整百等时，就可以运用“无中生有”的办法，达成简便运算。

比如我们想要计算黑烟囱与白烟囱的温度相差多少，也就是 398−287=？，就可以把 398 看成 400−2，把 287 看成 300−13，得到算式：400−2−（300−13）=？，去掉小括号后变成 400−2−300+13=？，我们可以先算出 400−300=100，再用 100−2+13，得到结果 111℃。

此外，在进行计算时，我们还应当灵活运用相加凑整、相乘凑整的方法，进而提高我们的运算效率。

高温倒还能忍受，但这里的海水毒性太强了。以防万一，我们现在赶紧撤离。
啊！

这不是大王乌贼吗？传说中的海怪。
太刺激了！先是蓝鲸，然后是大王乌贼，我们今天遇到了两只深海巨物！

它的眼睛比篮球还要大，好吓人！

据说大王乌贼是地球上最大的无脊椎动物，也是眼睛最大的动物。

紧贴着挡风玻璃，一只硕大的眼睛盯着众人。

不就是眼睛大点儿吗？有什么可怕的？！

迪娜和麦基的手掌长度，加上洁莉的手掌宽度约9厘米，和大王乌贼那只大眼睛的直径刚好一样。难怪它被称为地球上眼睛最大的动物，它的眼睛直径竟然将近40厘米，比篮球大了不少呢。

简便计算②

在加减运算中，为了使计算又对又快，我们可以用拆分法凑出凑整所需要的数字。

比如麦基他们想要测量大王乌贼眼睛的直径，也就是算出16+15+9=？，我们就可以把9拆成4+5，变成16+15+(4+5)=？，再变成(16+4)+(15+5)=？，就能很快地算出大王乌贼眼睛的直径为40厘米。

巴士被它缠得动不了啦。
这时，来了一只抹香鲸，它可是大王乌贼的天敌。

这抹香鲸来得可真是时候，我们可以趁机脱身了。

压力调节系统出现了故障，巴士无法上浮。

我们可以穿着潜水服游上去。
在300米的深海潜水？这里的水压没有人能承受得了。

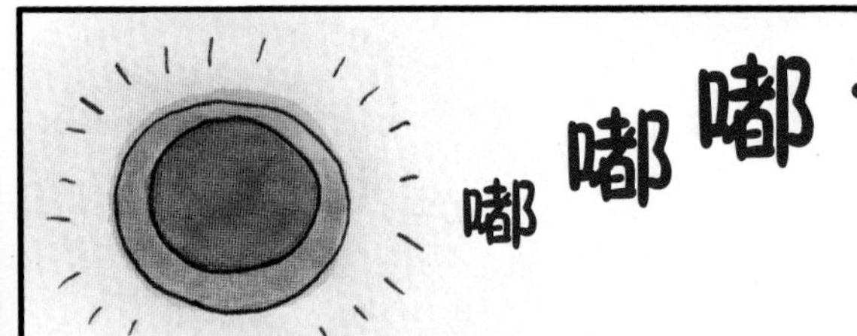
嘟
嘟
嘟

糟糕，巴士里的氧气量告急。

数学巴士里彻底安静下来，只有艾妮的哭泣声。我们感觉到呼吸开始变得困难，却没有任何办法。就在这时，数学巴士突然被什么东西托了起来。

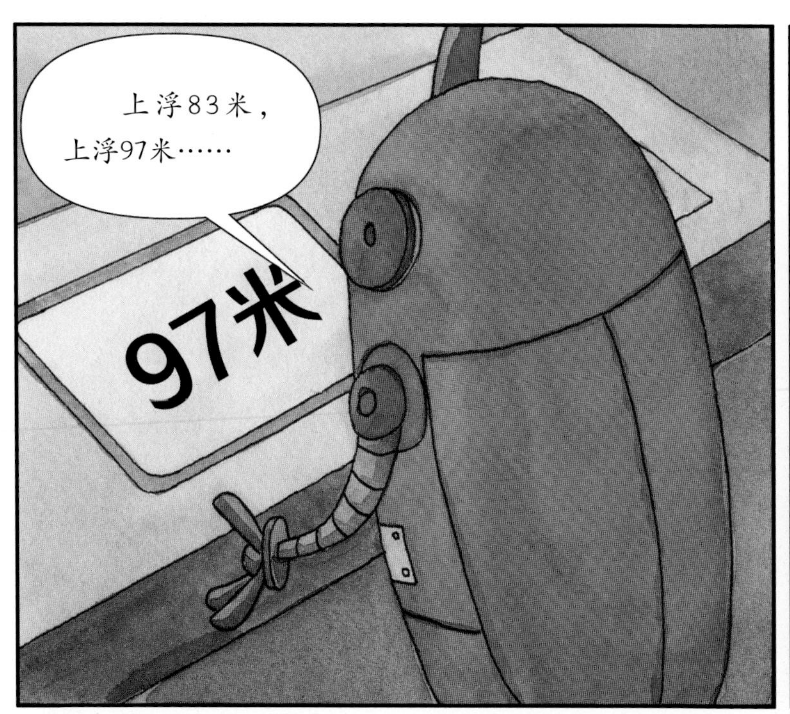
上浮83米，
上浮97米……
97米

太好了，压力调节系统恢复正常了！

是蓝鲸救了我们。哇，我太爱那小家伙了！

小家伙？！

下次再见。算了，还是不见了，我可不想再被吞进蓝鲸的大嘴巴里！

作者简介

张顺燕，北京大学数学科学学院教授，主要研究方向：数学文化、数学史、数学方法。

1962 年毕业于北京大学数学力学系，并留校任教。

主要科研成果及著作：

发表学术论文 30 多篇，曾获得国家教委科技进步三等奖。

《数学的思想、方法和应用》

《数学的美与理》

《数学的源与流》

《微积分的方法和应用》

小数学家训练营

1.不同级运算

一共有三层书架，第一层书架上有36本书，第二层书架上有27本书，第三层书架上的书是第一层的2倍。请问一共有多少本书？

2.无中生有

采用“无中生有”的巧算办法，快速计算198+99等于多少。

3.带小括号运算

妈妈今年35岁，儿子7岁。多少年以后母子二人年龄和是60岁？

4.去小括号运算

超市的货架上摆放了166袋大米，一天内卖出87袋，而仓库中还有库存92袋。请问超市一共还剩多少袋大米？

5.去小括号运算

妈妈给皮皮238元钱，他买画笔用去38元，买书用去107元，请问皮皮还剩多少钱？

6.简便计算

如何用简便计算法快速算出678+995的结果？

7.简便计算

妈妈去商店买厨房用的小电器，她共有984元钱，先花367元买了一个电饼铛，又花233元买了一个烧水壶，请问现在的余额是多少？

8.简便计算

农民伯伯前天采摘了724个苹果，昨天采摘了621个苹果，今天又采摘了276个苹果,请问这三天农民伯伯共采摘了多少个苹果？

参考答案

1.答案: 一共有135本书，36 + 27 + 36 × 2=135（本）。

2.答案: 198和200只差2，而99和100只差1。采用“无中生有”的办法，这道题目就变成了200+100=300。但是这样一来，比原来的数字就多出了2+1=3，再把这个3去掉，得到最终结果297。

3.答案: 60 -（35+7）=18（岁），18 ÷ 2=9（年）。9年后，母子二人的年龄和是60岁。

4.答案: 我们用库存加上货架上剩下的，也就是92+（166-87），因为括号外是加号，可以直接去掉，也就是92+166-87=171（袋）。

5.答案: 238 -（38+107）=238-38-107=93（元）。

6.答案: 把995当作1000来计算，最后再减掉5。678+995=678+1000-5=1673。

7.答案: 列出算式984-367-233，我们发现两个被减数367跟233的和可以凑成整百，于是算式变成:984 -（367+233）=984-600=384（元）。

8.答案: 列出算式为724+621+276，我们发现724和276相加可以凑成整数，算式变为724+276+621=1000+621=1621（个）。